PASSE-TEMPS

MATHÉMATIQUE,

OU RECRÉATION

A L'ILE SAINTE-HÉLÈNE.

CE Jeu qui occupe, à ce qu'on prétend, les loisirs du fameux exilé à STE.-HÉLÈNE, est composé de sept figures, avec lesquelles on exécute toutes celles contenues dans ce recueil et une infinité d'autres, en observant que toutes les sept figures doivent être employées pour chaque copie.

A GENÈVE,

Chez BRIQUET, au bas de la Cité.

INTRODUCTION

AU PASSE-TEMPS MATHÉMATHIQUE,

PRINCIPALEMENT DESTINÉE

A DES

EXERCICES RAISONNÉS D'ANALYSE.

Il est parvenu d'Angleterre sur le continent, un jeu auquel on attribue une origine chinoise, qui est, dit-on, un des amusemens des Indiens, et qui est annoncé comme étant le passe-temps favori du fameux exilé à l'île de Ste. Hélène. Au premier aspect, la futilité apparente de cet amusement paraît peu compatible avec la grandeur et l'importance des objets qui ont occupé le dominateur du continent, et avec l'influence que ce conquérant a eue sur les destinées de l'Europe. On peut être tenté de présumer que le titre donné à cette production est le fruit d'une spéculation mercantile, à laquelle on a cherché à donner du crédit par une autorité bien propre à piquer la curiosité. Sans doute, monarque d'un vaste empire, il n'aurait pas enlevé à des travaux importans un temps précieux, pour s'occuper d'un simple jouet. Mais dans l'épreuve qu'il fait de l'inconstance et de la rigueur de la fortune, son esprit actif n'a-t-il pas besoin de charmer son ennui et d'alléger ses peines ? Jeu pour jeu, celui-ci ne le cède point à plusieurs de ceux par lesquels tant d'oisifs cherchent à tuer le temps qui leur pèse, au moins il est exempt des dangers d'un grand nombre d'entr'eux. La multiplicité des cas auxquels il donne lieu, la variété incalculable des aspects qu'il présente, peut très-bien s'accorder avec la fécondité du génie, et l'étendue des projets. Un esprit méditatif, un amateur des sciences et des méthodes mathématiques, saisit avec empressement les occasions d'exercer et d'étendre ses facultés ; il n'en méprise aucune.

Pour peu qu'on se soit occupé de la doctrine des permutations et des combinaisons, on connaît la rapidité avec laquelle croit le nombre des arrangemens auxquels donnent lieu des quantités différentes proposées (représentées, par exemple, par des lettres) suivant qu'on augmente le nombre de ces quantites. Savoir, le nombre de ces arrangemens est exprimé par le produit continuel des nombres naturels depuis l'unité jusqu'au nombre qui exprime celui de ces quantités. Si quelques-unes de ces quantités sont d'une même espèce, on divise le produit obtenu par le nombre des arrangemens dont auraient été susceptibles les quantités semblables si elles avaient été différentes. On répète successivement cette réduction sur les nombres obtenus, autant de fois qu'il y a de nouvelles espèces semblables.

La doctrine des permutations et des combinaisons est une des parties du calcul qui donnent lieu aux applications les plus remarquables et les plus importantes. On a appliqué cette doctrine à un grand nombre de jeux, soit de hasard soit de société. En particulier, celui dont nous allons nous occuper a une liaison intime avec cette doctrine.

La base de ce jeu est un élément unique, savóir, un triangle isoscéle rectangle, ou l'un des triangles qu'on obtient quand on coupe un carré par l'une de ses diagonales. Pour abréger, j'appellerai ce triangle T.

Si on combine entr'eux deux de ces triangles, en faisant coïncider deux de leurs côtés, on obtient trois composés différens, suivant les manières dont on place ces deux triangles l'un à l'égard de l'autre. Qu'on fasse convenir entr'elles deux des jambes de l'angle droit. Les deux autres jambes de ces angles seront, l'une le prolongement de l'autre, ou opposées l'une à l'autre. Dans le premier cas on obtient un nouveau triangle isoscéle rectangle dont les jambes de l'angle droit sont les hypothénuses des triangles T, et dont l'hypothénuse est le double d'une des jambes de l'angle droit d'un de ces triangles. Pour abréger, j'appellerai ce triangle T'. Dans le second cas, on obtient un parallélogramme dont les angles aigus valent un demi-droit, et dont les côtés sont un côté des premiers triangles et leur hypothénuse. Pour abréger, j'appellerai ce parallélogramme P.

Qu'on fasse convenir entr'elles les hypothénuses des triangles T. On obtient un carré dont les côtés sont égaux aux jambes de l'angle droit de ces triangles. Pour abréger, j'appellerai ce carré C.

Ainsi, dans la supposition de la coïncidence de deux côtés correspondans, l'élément simple T donne lieu par sa répétition à trois composés différens entr'eux, dont chacun est double de cet élément. En admettant des applications partielles des côtés de ces triangles, on obtiendroit un nombre illimité d'élémens secondaires, différens des premiers.

Si on combine entr'eux deux triangles T' de la même manière qu'on a rapproché l'un de l'autre deux triangles T pour produire le triangle T', on obtient un nouveau triangle isoscèle rectangle, dont les côtés sont respectivement doubles des côtés correspondans de T. Pour abréger, j'appellerai ce triangle T''.

Le jeu annoncé est composé des sept pièces suivantes ; de deux triangles T , d'un triangle T', de deux triangles T'', d'un carré C, et d'un parallélogramme P.

On assemble entr'elles ces sept pièces, de manière à en former différentes figures, soit que leurs côtés soient appliqués les uns aux autres en tout ou en partie, soit que ces pièces soient détachées les unes des autres, et rapprochées seulement par leurs angles. Il en résulte une variété prodigieuse et illimitée dans la figure des composés. Si ces sept élémens étaient différens entr'eux, ils donneraient lieu à 5040 arrangemens différens. Comme deux triangles T sont les mêmes, et que deux triangles T'' sont aussi les mêmes ; ce nombre est réduit au quart de lui-même, savoir à 1260. Ce dernier nombre indique seulement le nombre des manières dont ces élémens peuvent changer de place entr'eux, sans avoir égard à la figure des composans, et à celle des composés qui en résultent; il donne un résultat purement numérique, indépendant de toute application géométrique. Mais, si on fait entrer en considération la forme des quantités composantes et le mode de leurs rapprochemens les unes des autres; soit que ces rapprochemens se fassent par les applications des sommets de leurs angles seulement, soit par les applications des sommets aux côtés, soit par les applications entières ou partielles des côtés les uns aux autres ; soit que les figures qui en proviennent soient des polygones fermés, soit qu'elles forment des espèces d'allignemens irréguliers et des zig-zags dont les extrémités sont isolées l'une de l'autre : on obtient pour résultats des composés différens entr'eux, tellement nombreux qu'on peut sans exagération, appeler protées mathématiques les élémens dont ils tirent leur origine.

L'éditeur anglais est donc bien modéré dans son assertion, lorsqu'il dit que les sept figures qui composent le jeu sont susceptibles d'être arrangées de manière à former plus de 3oo figures différentes.

Le jeu proposé a du rapport avec celui qui est appellé *jeu du parquet*, développé par TRUCHET (I) ; et ensuite par différens auteurs qui se sont occupés de cet amusement mathématique. Ce dernier jeu est composé de carreaux divisés en deux triangles de deux couleurs séparés par une diagonale. Ces deux jeux ont donc la même base. La différence des couleurs est dans le second jeu la source de la diversité des composés ; tandis que dans le premier jeu c'est la différence dans la figure des élémens sécondaires qui est la source de cette diversité. En réunissant ces deux sources, on multiplierait indéfiniment les apparences des composés qui en résulteraient, même en se bornant au petit nombre d'élémens qui composent le premier jeu.

J'ai été tenté de m'occuper du jeu proposé sous

(I) Mémoires de l'Académie des Sciences de Paris, 1704.

un point de vue logique, et comme donnant lieu à des exercices d'analyse et de raisonnement. Je développerai quelques exemples de figures, ou regulières, ou approchant plus ou moins d'être régulières, à construire avec les sept élémens qui le composent. Je divise eette recherche en deux parties. Dans l'une je propose de faire avec les cinq élémens T, T, T', C, P des figures proposées plus ou moins régulières, savoir, un carré, un triangle rectangle isoscèle, un rectangle, un parallélogramme, des trapèzes,....; et dans l'autre, je joins à ces figures prises pour bases celles qui peuvent provenir des triangles T''. On doit suivre, les pièces à la main, la marche qui va être exposée.

Dans le recueil qui nous est parvenu d'Angleterre (et dont celui-ci n'est que la copie); on n'a suivi aucun ordre dans la disposition des différentes figures composées. Peut-être le rédacteur n'a-t-il pas voulu faciliter aux joueurs les compositions qu'il met sous leurs yeux, et auxquelles ils sont appellés à s'exercer; peut-être aussi des vues économiques l'ont-elles dirigé dans ces placemens irréguliers. Envisageant ce jeu sous un point de vue philosophique, je regrette qu'on n'ait pas rapproché les unes des autres les figures qui ont pour bases des composés identiques secondaires de quelques-uns de leurs élémens, et qui diffèrent entr'elles seulement par la disposition de quelques-uns des élémens restans. On auroit pu composer un petit traité méthodique, et suivre une distribution logique. C'est ainsi que Romé de Lille, et postérieurement Bekkerhinn et Kramp, et surtout l'ingénieux Hauy, dans leurs traités de crystallographie, ont rangé

les cristaux qu'ils décrivent, non pas confusé-
ment, mais d'après des principes philosophiques,
en prenant pour bases de leurs divisions les
figures élémentaires en petit nombre dont ils tirent leur origine , et en faisant dépendre la
forme des crystaux des modifications différentes
que ces figures peuvent subir. Peut-être se trou-
vera-t-il quelqu'amateur dans le cas de disposer
de son temps , qui regardera ce jeu comme digne
d'occuper son loisir sous ce point de vue.

On ne saurait présenter aux jeunes gens , et
surtout à ceux qui sont appelés à une carrière
littéraire , trop de préservatifs contre l'inertie
naturelle à l'esprit humain, et contre sa résistance
à la méditation. La multiplicité et la bizarrerie
des figures indépendantes les unes des autres,
dont on présente le tableau confus, peuvent frap-
per l'esprit d'étonnement ; une marche raisonnée,
une classification des mêmes figures , l'exposition
de leur génération les unes des autres, instruisent
l'esprit et l'éclairent. Les amis de la jeunesse, les
BAZEDOW , les CAMPE, les PESTALOZZI, les par-
tisans de la méthode de BELL et de LANCASTRE,
ne regarderont pas comme perdus les momens
que les élèves donneront à suivre et à imiter la
marche que j'ai tracée.

Premier exemple. Construire un carré avec
lès cinq figures T , T , T', C, P.

Analyse. L'assemblage des cinq figures proposées vaut huit fois le triangle T , ou quatre fois
le carré C. Donc, le côté du carré cherché vaut
deux fois le côté du carré C, il est donc égal à
l'hypothénuse du triangle T'; ou cette hypothénuse sera un des côtés du carré cherché. Si sur
les jambes de l'angle droit du triangle T' on met-

toit les hypothénuses des deux triangles T, on ne pourrait pas placer les grands côtés du parallélogramme P ; donc, on placera sur un des côtés de T′ l'hypothénuse d'un T, et sur l'autre côté de T′ on placera un grand côté de P, de manière que l'angle aigu adjacent de P ait son sommet à l'extrémité de l'hypothénuse de T′. Alors, sur l'autre grand côté de P on placera l'hypothénuse du T restant; et on mettra C dans la place restante à remplir. Pour abréger, j'appellerai le carré qu'on vient d'obtenir, C′.

La base intérieure de la boîte qui renferme les élémens du jeu proposé est un carré sur lequel s'applique le carré qu'on vient de construire. Le carré fait avec les triangles T″, appliqués l'un à l'autre par leurs hypothénuses, forme une seconde couche contenue dans cette boîte.

Applications. 1°. On peut construire un triangle rectangle isoscèle, avec les sept pièces proposées.

Pour cela, sur deux des côtés adjacens du carré C′ soient placés deux côtés jambes des angles droits des triangles T″ ; de manière que les hypothénuses de ces triangles soient en ligne droite. On obtient le triangle proposé.

2°. Que deux des jambes des angles droits des triangles T″ soient placées sur deux des côtés opposés du carré C′ de manière que les autres jambes de ces angles soient sur les prolongemens des autres côtés opposés de ce carré. On obtient un parallélogramme semblable au parallélogramme P.

3°. Que les deux jambes restantes des angles droits des triangles T″ soient sur les prolongemens d'un même côté de C′; on obtient un trapèze.

4°. Soit fait un carré avec les deux triangles T″ en les appliquant l'un à l'autre par leurs hypothénuses, et qu'un des côtés de ce carré soit appliqué à un des côtés du carré C′. On obtient un rectangle dont les côtés sont l'un double de l'autre.

En combinant avec le carré C′ les différentes figures qu'on peut former avec les triangles T″, soit que ces deux triangles soient appliqués l'un à l'autre par la coïncidence entière ou partielle de leurs côtés, soit qu'ils soient détachés l'un de l'autre ; on obtient une multitude de figures plus ou moins irrégulières, de chacune desquelles le carré C′ est une des bases.

Second exemple. Construire un triangle rectangle isoscèle avec les cinq figures T, T, T′, C, P.

Pour abréger ; que le triangle proposé soit désigné par T‴.

Analyse. La somme des cinq figures T, T, T′, C, P. vaut huit fois le triangle T ou quatre fois le triangle T′ auquel le triangle T‴ doit être semblable. Donc, les côtés de T‴ doivent être doubles des côtés correspondans de T′, et en particulier, les jambes de l'angle droit de T‴ doivent être doubles des jambes de l'angle droit de T′. Cela ne peut avoir lieu, qu'en tant que les triangles T′ et T‴ ont l'angle droit commun ; et que les prolongemens des jambes de l'angle droit de T′ sont les hypothénuses des triangles T , ou une de ces hypothénuses et un grand côté de P. Mais si ces prolongemens étoient, l'un et l'autre, les hypothénuses des T, ou ne pourrait pas placer les grands côtés de P ; donc, l'un de ces prolongemens étant l'hypothénuse d'un triangle T, l'autre prolongement sera un des grands côtés de

P , de manière que l'autre jambe de l'angle obtus de P adjacent à ce côté , soit sur l'hypothénuse de T'. Alors, sur le grand côté restant de P on placera l'hypothénuse du T restant , et on mettra le carré C dans la place qui reste à remplir.

Applications. 1°. On peut construire un carré avec les sept figures proposées.

Pour cela , soit fait un triangle rectangle isoscèle T''', formé par les deux triangles T'', de la même manière que le triangle T' a été formé par les triangles T. Que les deux triangles T''' soient réunis par leurs hypothénuses. On obtient le carré proposé.

2°. En combinant le triangle T''' avec les différentes figures auxquelles donnent lieu les triangles T'', soit que ces triangles T'' soient adjacens l'un à l'autre , soit qu'ils soient séparés l'un de l'autre : on obtient un grand nombre de figures différentes plus ou moins irrégulières. Ainsi qu'on applique les hypothénuses des triangles T'' sur les jambes de l'angle droit du triangle T''' on obtient le rectangle déja obtenu.

Remarque. Dans le carré qu'on a formé avec les sept pièces du jeu ; il n'y a aucun vide intérieur. En admettant quelque vide, on pourroit former un carré plus grand que le premier dans le rapport de 9 à 8 ; dont le côté seroit le triple d'une des jambes de l'angle droit d'un triangle T au lieu d'être l'hypothénuse d'un des triangles T''. On pourrait même former ce carré seulement avec les quatre pièces T , T , T'' , T'' ; il rest roit un vide égal à la somme des trois pièces T', C, P ; et en combinant avec ce carré ces trois figures et leurs composés , on pourroit obtenir un nombre illimité de nouvelles figures ayant ce carré pour un de leurs élémens. On pourrait aussi enlever au premier carré (celui dont le côté est égal à l'hypothénuse d'un des triangles T″) les deux pièces intérieures T et C; ce qui donnerait encore lieu à un nombre illimité de nouvelles figures ayant toutes le premier carré pour un de leurs élémens.

Ce que je viens de dire du carré dont on a transporté quelqu'une des parties intérieures , peut être appliqué aux autres figures pleines , formées par les pièces du jeu.

Troisième exemple. Avec les cinq pièces , T , T , T′ , C , P , construire un rectangle dont un des côtés soit un des côtés du carré C.

Analyse. Le côté de ce rectangle opposé au premier sera une des jambes de l'angle droit d'un des triangles T , et sur le côté du carré C opposé au premier , on devra placer une des jambes de l'angle droit du second triangle T.

Sur l'hypothénuse de ce second triangle on pourra placer , ou bien une des jambes de l'angle droit du triangle T′ de manière que son hypothénuse soit le prolongement du petit côté du trapèze formé par les deux premières pièces , ou bien un des grands côtés du parallélogramme P , de manière que ses petits côtés soient les prolongemens des côtés de ce trapèze parallèles entr'eux. Dans le premier cas, on placera sur l'autre jambe de l'angle droit de T′ un des grands côtés de P , de manière que ses petits côtés soient les prolongemens des côtés parallèles entr'eux du trapèze obtenu par les trois premières pièces ; puis on placera l'hypothénuse du triangle restant T , sur le grand côté restant du parallélogramme P. Dans le second cas , on placera sur le grand côté restant de P une des jambes de l'angle droit de **T'**, de manière que son hypothénuse soit le prolongement du plus petit des côtés parallèles entr'eux du trapèze obtenu par les trois premières pièces **C, T, P,** et sur la jambe restante de l'angle droit du triangle **T'** on placera l'hypothénuse du **T** restant. On parvient ainsi au but proposé par deux moyens peu différens entr'eux. Dans le rectangle obtenu les côtés sont l'un quadruple de l'autre.

On peut tirer du rectangle qu'on vient de construire plusieurs autres figures, soit par la transposition de ses parties, soit en les détachant les unes des autres.

Qu'on transporte le second triangle **T**, de manière que celui de ses côtés qui terminoit le rectangle construit coïncide avec le premier côté du carré **C,** et que son hypothénuse demeure parallèle à elle-même; on obtient un parallélogramme, dont les angles aigus sont demi-droits, dont un grand côté est quadruple d'une jambe de l'angle droit des **T,** et dont les petits côtés sont égaux aux hypothénuses des **T.**

Que le côté extérieur du triangle **T** soit transporté sur le premier côté du carré **C,** en renversant le triangle **T;** on obtient un trapèze dont les côtés parallèles valent l'un cinq et l'autre trois des jambes des angles droits des triangles **T.**

On peut décomposer le rectangle obtenu en deux trapèzes dans chacun desquels un des côtés est perpendiculaire aux deux côtés parallèles entr'eux. Dans un de ces trapèzes les deux côtés parallèles entr'eux sont l'un double de l'autre; et dans l'autre de ces trapèzes les deux côtés parallèles entr'eux valent l'un trois et l'autre deux des jambes de l'angle droit des triangles **T.**

On peut décomposer le parallélogramme obtenu en deux trapèzes qui peuvent convenir entr'eux : les côtés parallèles de ces trapèzes sont l'un triple de l'autre ; et les autres côtés sont égaux aux hypothénuses des triangles T.

Le trapèze obtenu par le transport et le renversement du triangle extérieur T peut être décomposé dans l'un de ces derniers trapèzes, et dans un parallélogramme dont l'angle aigu est demi-droit, dont deux des côtés opposés sont égaux au double d'une jambe de l'angle droit des triangles T, et dont les autres côtés sont les hypothénuses des triangles T.

On pourra combiner entr'eux les trapèzes et le parallélogramme obtenus, de manière à en former de nouveau un grand nombre de figures plus ou moins symétriques ou plus ou moins irrégulières ; soit en les disposant en équerres à jambes égales ou inégales, soit en les adossant les uns aux autres par leurs côtés.

On pourra ensuite combiner ces premières figures et celles qui en proviennent, avec les triangles T'' et les différentes figures qui peuvent en être formées, soit que ces premières figures soient adjacentes entr'elles, soit qu'elles soient séparées par les triangles T'' et par les figures qui en proviennent. On obtient ainsi un grand nombre de composés dont il serait long et superflu de faire l'énumération.

En particulier, qu'on applique l'un à l'autre par leurs petits côtés parallèles entr'eux, les trapèzes obtenus du parallélogramme composé des cinq élémens T. T. T'. C, P ; et que sur leurs grands côtés on place symétriquement les hypothénuses des triangles T'' : en n'y regardant pas de trop près, on pourra prendre la figure obtenue pour un octogone symétrique, dans lequel quatre des côtés sont des jambes de l'angle droit des triangles T″ et les côtés restans sont les côtés non parallèles entr'eux de ces trapèzes qui sont égaux aux hypothénuses des triangles T. Mais cette apparence est un peu trompeuse. En effet, l'hypothénuse d'un des triangles T″ est un peu moindre que le triple d'une des jambes de l'angle droit d'un triangle T. Le rapport de cette hypothénuse au triple d'une de ces jambes approche beaucoup du rapport de 17 à 18, et plus encore de celui de 34 à 35. La figure obtenue est en effet un dodécagone symétrique, ayant quatre petits côtés qui sont environ la 24ᵉ partie de chacun des quatre grands côtés, et la 17ᵉ partie des quatre grands côtés moyens. J'ai cru convenable de faire cette observation. Il me paraît que le rédacteur des tableaux qui nous sont parvenus, et tels qu'on les transmet, n'a pas eu égard à cette différence dans plusieurs des figures qui les composent.

En suivant une marche méthodique, et en procédant par voie de décomposition, on peut trouver de nouvelles figures, même symétriques, moins bizarres et non moins remarquables que plusieurs de celles qui sont contenues dans les tableaux. Je vais en proposer un ou deux exemples.

Qu'on dispose les deux trapèzes identiques, dont l'un est formé par le triangle T′, et par le parallélogramme P, et dont l'autre est formé par le carré C et par les deux triangles T, de manière que les cinq élémens T, T, T′, C, P, forment une équerre à jambes égales : sur les côtés extérieurs (ou les grands côtés) de cette équerre, qu'on place symétriquement les hypothénuses des triangles T″, de manière que les milieux de ces côtés coïncident avec les milieux de ces hypothénuses. On obtient une figure symétrique, qui approche beaucoup d'être un rectangle déja obtenu dans le premier exemple, sur le milieu d'un des grands côtés duquel est un enfoncement capable de recevoir un des triangles T.

Que la figure qu'on vient d'obtenir soit coupée en deux parties égales par une droite perpendiculaire à son grand côté. On pourra transporter l'une de ces moitiés, et la renverser de manière qu'elle représente un rectangle à deux des angles opposés duquel on aurait enlevé un demi-triangle T.

On peut aussi obtenir cette seconde figure de la manière suivante. Avec les deux triangles T″, on fait un parallélogramme semblable à P; sur les grands côtés de ce parallélogramme, on place symétriquement les grands côtés des trapèzes égaux faits avec les cinq élémens T, T, T′, C, P; de manière que leurs petits côtés soient parallèles entr'eux.

J'ai cherché inutilement ces deux figures (et quelques autres qu'on peut former par les transpositions de leurs parties) parmi celles qui composent les tableaux qui nous ont été transmis.

Remarque. On pourrait, en n'y réfléchissant pas suffisamment, être surpris que le rectangle égal à deux carrés C, et dont les côtés sont un côté de ce carré et son double, paraisse demeurer égal à lui-même, quoiqu'il ait été diminué d'un triangle T ou de deux demi-triangles T. Mais, on doit remarquer que le second rectangle n'est pas exact, et que la source de la différence est l'inégalité qui a lieu entre l'hypothénuse d'un triangle T″ et le triple d'une des jambes de l'angle droit d'un triangle T, quelque petite que soit leur différence.

Remarque seconde. On voit par ees exemples, qu'un erreur très-légère et presque imperceptible (provenant dans ce cas de la négligence d'une 18° d'un tout) peut avoir des conséquences très-sensibles ; et ils fournissent une confirmation pratique de cette assertion abstraite : d'une erreur quelconque, quelque petite qu'elle puisse paraître, on peut tirer (par une chaîne rigoureuse de raisonnemens) une autre erreur quelconque, quelque grande qu'elle soit en effet.

On pourrait varier la nature de la base du jeu qui vient de nous occuper, en substituant au triangle rectangle isoscéle d'autres triangles, par exemple le triangle rectangle qui est un demi-triangle équilatéral, et qui, par sa répétition, produit l'hexagone régulier. Par l'application entr'eux des côtés égaux de deux de ces triangles, on obtiendrait six élémens secondaires au lieu de trois.

L'exemple suivant est connu de tous ceux qui sont initiés aux élémens de la géométrie. On a cinq triangles rectangles dans chacun desquels une des jambes de l'angle droit est double de l'autre : on a aussi cinq trapèzes dans lesquels deux côtés perpendiculaires l'un à l'autre sont égaux aux plus grandes des jambes des angles droits de ces triangles, et dont le petit côté est égal aux petites jambes de ces angles. Avec ces dix élémens, on peut composer un grand nombre de figures différentes ; et en particulier on peut en faire un carré. Cet exemple n'est qu'un cas particulier de l'exercice suivant plus général. On a quatre triangles rectangles faits avec les mêmes côtés, et un carré dont le côté est égal à la différence des jambes de l'angle droit de ces triangles. Avec ces cinq élémens on peut faire un carré, et un nombre illimité d'autres figures qui s'éloignent plus ou moins de la régularité.

Autre exercice. Soient trois triangles rectangles, tels que deux d'entr'eux ont une jambe commune de l'angle droit ; les jambes de l'angle droit du troisième sont les excès de cette jambe sur les jambes restantes des angles droits, et on a un quatrième triangle dont les côtés sont respectivement égaux aux hypothénuses de ces trois triangles. On peut avec ces quatre triangles construire un carré.

Les exemples que j'ai développés peuvent suffire pour montrer comment on peut tirer d'un simple jeu une utilité logique. Je dois espérer que les esprits portés à la méditation, capables d'apprécier les exercices de raisonnement ne me blâmeront pas d'en avoir esquissé un nouvel exemple. Les mathématiciens même les plus distingués n'ont pas dédaigné de s'occuper de recherches analogues, malgré la profondeur de leurs connaissances et l'importance de leurs autres occupations. L'ingénieux Leibnitz s'était occupé d'une géométrie de position dont il ne reste que des traces. Wallis en a exposé dans ses ouvrages un petit nombre d'exemples. Euler s'est occupé de la possibilité ou de l'impossibilité du passage successif par des ponts placés sur des canaux qui entourent une île, et à exécuter sous des conditions proposées. La construction des carrés magiques a fait l'objet des recherches de plusieurs mathématiciens, et le célèbre Franklin n'a pas dédaigné d'en proposer un genre nouveau.

Le problème du cavalier du jeu des échecs a fixé l'attention de plusieurs penseurs. Les jeux du solitaire, plus ou moins compliqués, sont développés dans quelques ouvrages relatifs aux amusemens mathématiques. Quoique l'algèbre soit, entre les mains du mathématicien, un instrument qui lui fournit les ressources les plus précieuses, il est plusieurs questions contre lesquelles échoue la doctrine des équations, d'ailleurs si imparfaite. Il est important de ne pas limiter les moyens d'étendre nos connaissances en cultivant trop exclusivement une seule méthode. Je vais me permettre de proposer aux amateurs la question suivante, à la poursuite de laquelle je pourrais me livrer, si j'étais appelé à divertir l'ennui d'une pénible solitude.

Question. Soient six régimens ; et dans chacun d'eux soient six officiers, dont les grades sont différens dans un même régiment et les mêmes dans les différens régimens. On demande de disposer en carré ces trente-six officiers, de manière que dans chacun des sens, soit horisontal, soit vertical, soit diagonal, il ne se trouve pas deux officiers qui aient le même grade ou qui appartiennent à un même régiment.

Le problème analogue est facile lorsque le nombre des régimens est un nombre impair, supérieur à trois. Il est connu pour le nombre quatre. Il est encore possible pour le nombre huit.

J'ai envisagé le sujet proposé comme étant un simple passe-temps, ou tout au plus comme pouvant donner lieu à des exercices curieux de raisonnement. On peut l'envisager sous un point de vue plus important et comme pouvant servir d'acheminement à des recherches sérieuses. Au

lieu de prendre pour bases des figures planes à disposer sur un même plan, qu'on prenne pour bases
des figures solides à disposer dans l'espace. Qu'on
prenne par exemple pour élément fondamental
un tétraèdre trirectangle dont les faces de l'angle
solide droit sont des triangles isoscèles rectangles :
et que de ces solides réunis deux à deux, trois à
trois, quatre à quatre, on forme différens composés secondaires, on verra s'ouvrir une carrière
aussi vaste à parcourir qu'elle est intéressante.
Qu'on marche sur les traces de plusieurs savans
minéralogistes et en particulier sur celles de l'ingénieux HAUY : avec un petit nombre d'élémens
différens combinés entr'eux, on produira une
multitude de composés de formes très-différentes,
et dont la réduction à ces principes, quand ils
sont présentés comme en étant formés, exige
souvent autant de sagacité que de savoir. L'attention avec laquelle on aura suivi les combinaisons
des bases d'un simple jeu (regardé peut-être
trop légèrement comme futile), pourra préparer
l'esprit à comprendre et même à créer les résultats de la belle théorie sur les cristaux, qui honore
le génie de ce célèbre physicien, et qui est si féconde
en conséquences importantes.

Genéve, 28 Juillet 1817.

De l'imprimerie de Luc SESTIÉ.

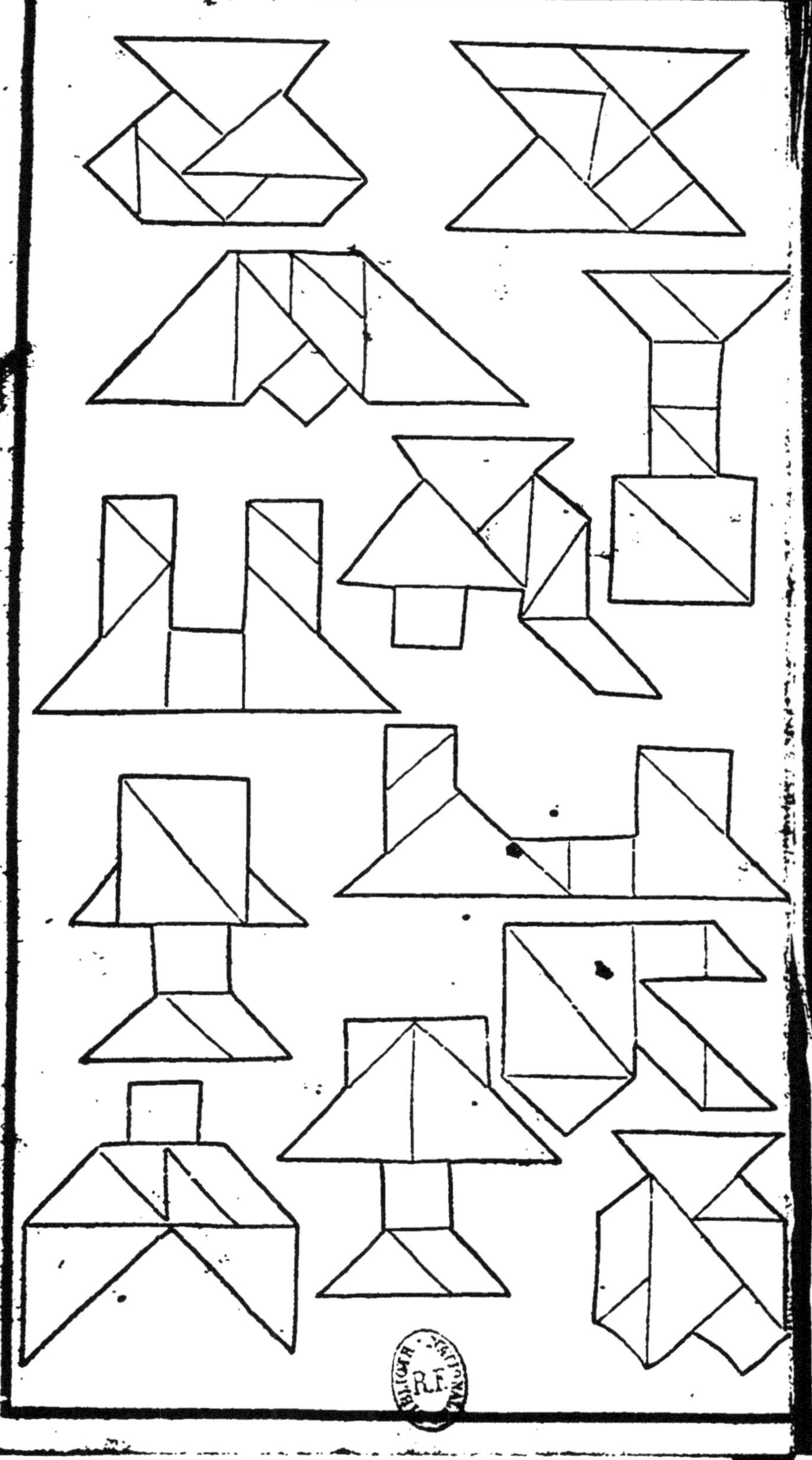

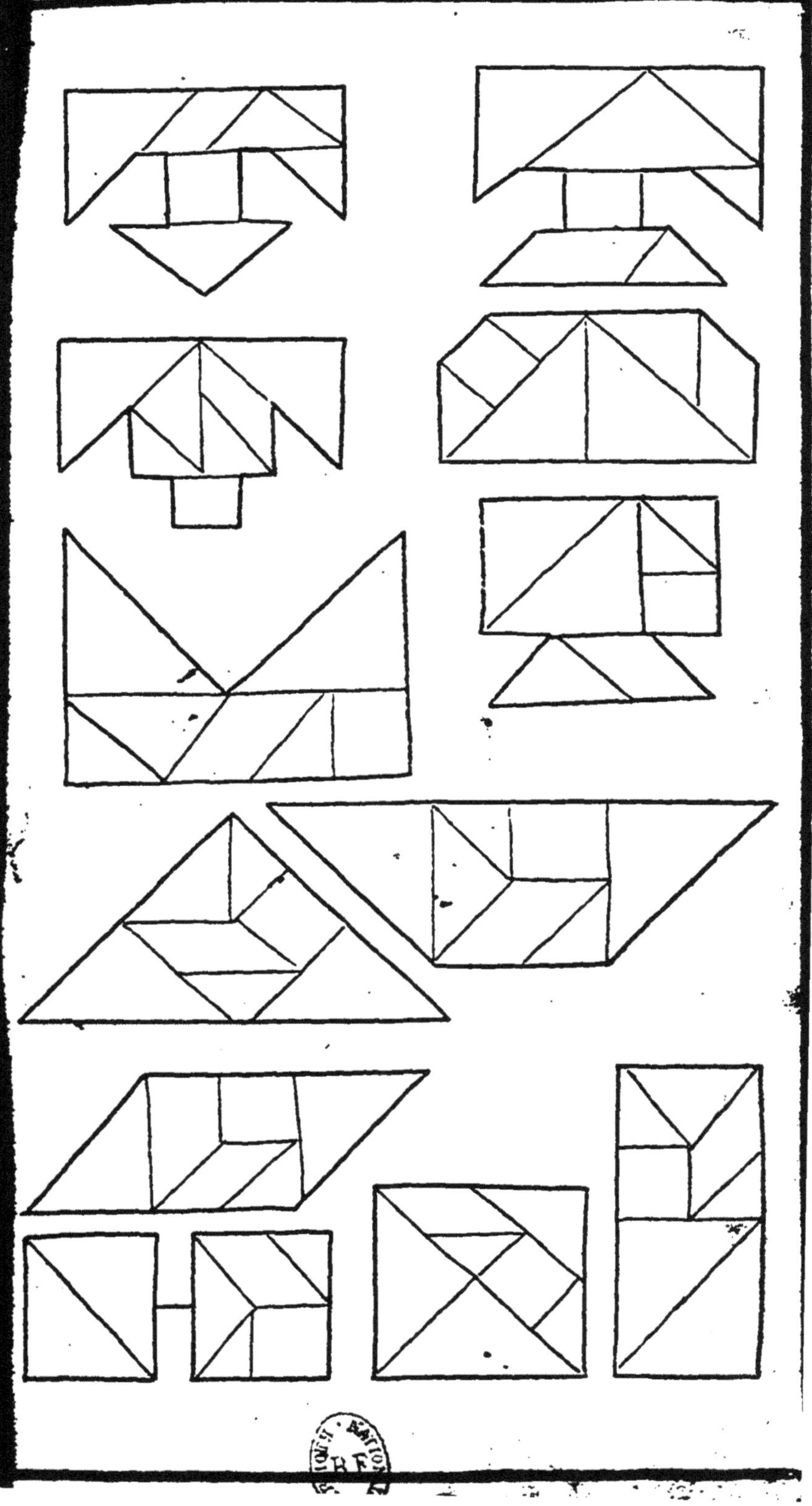

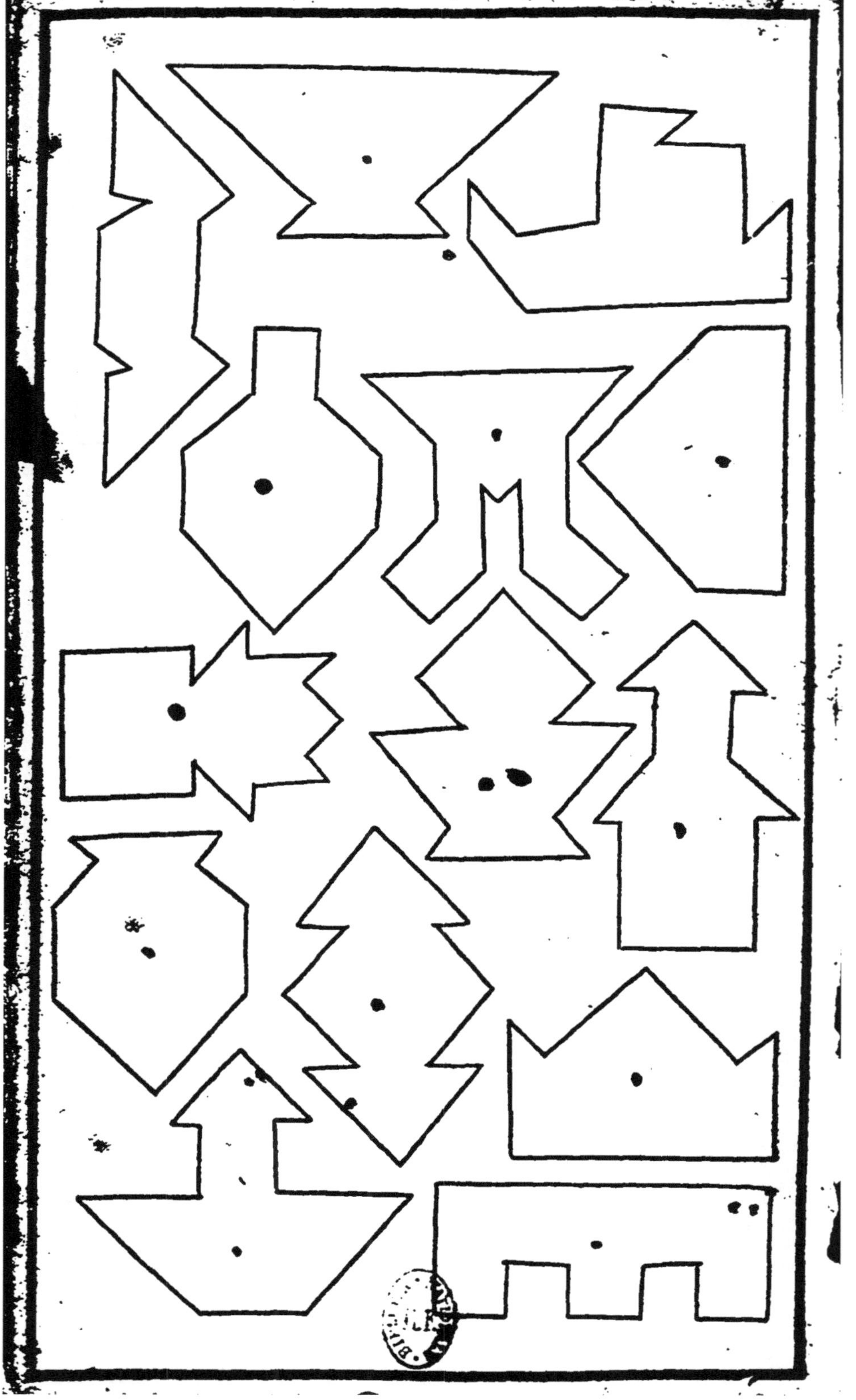

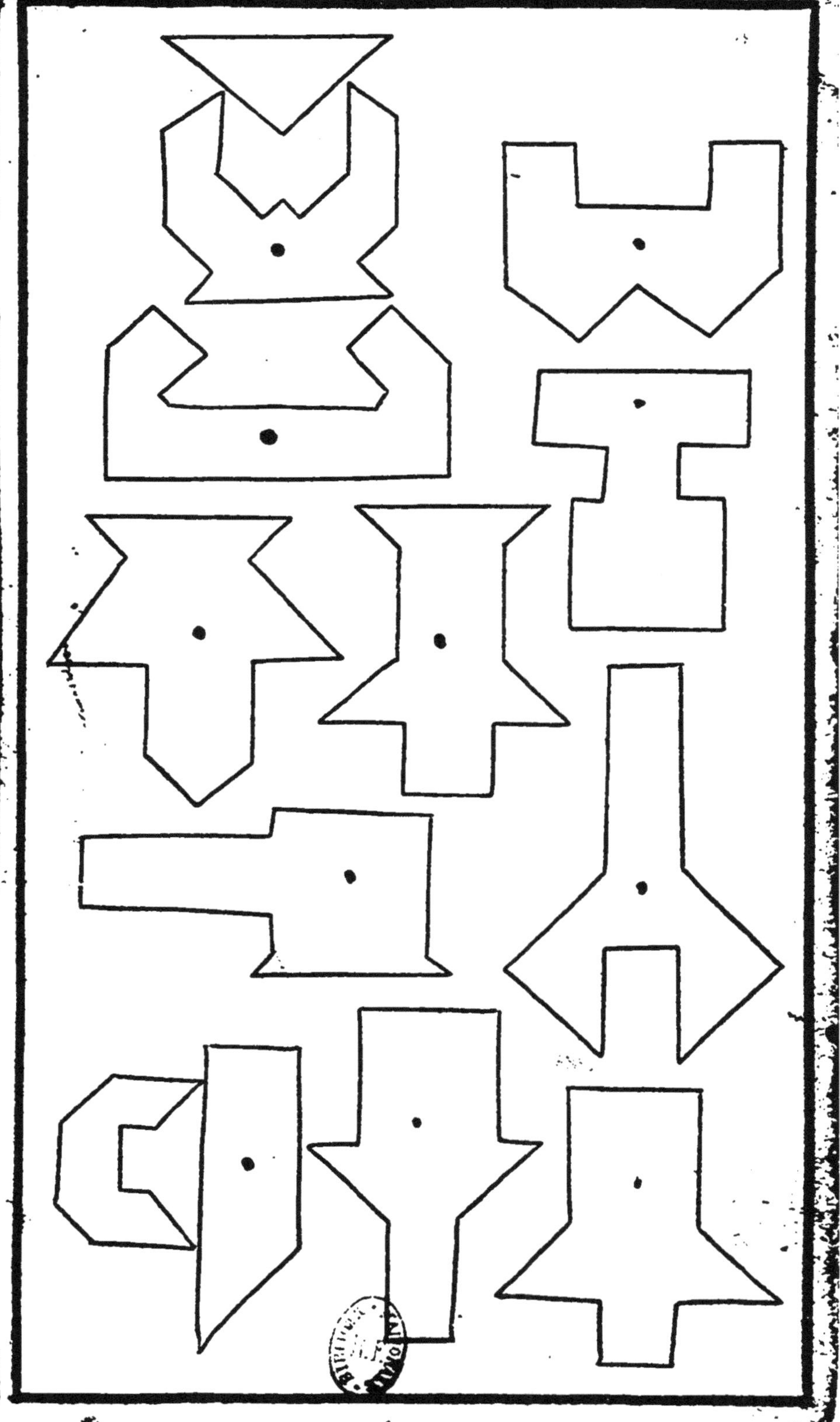

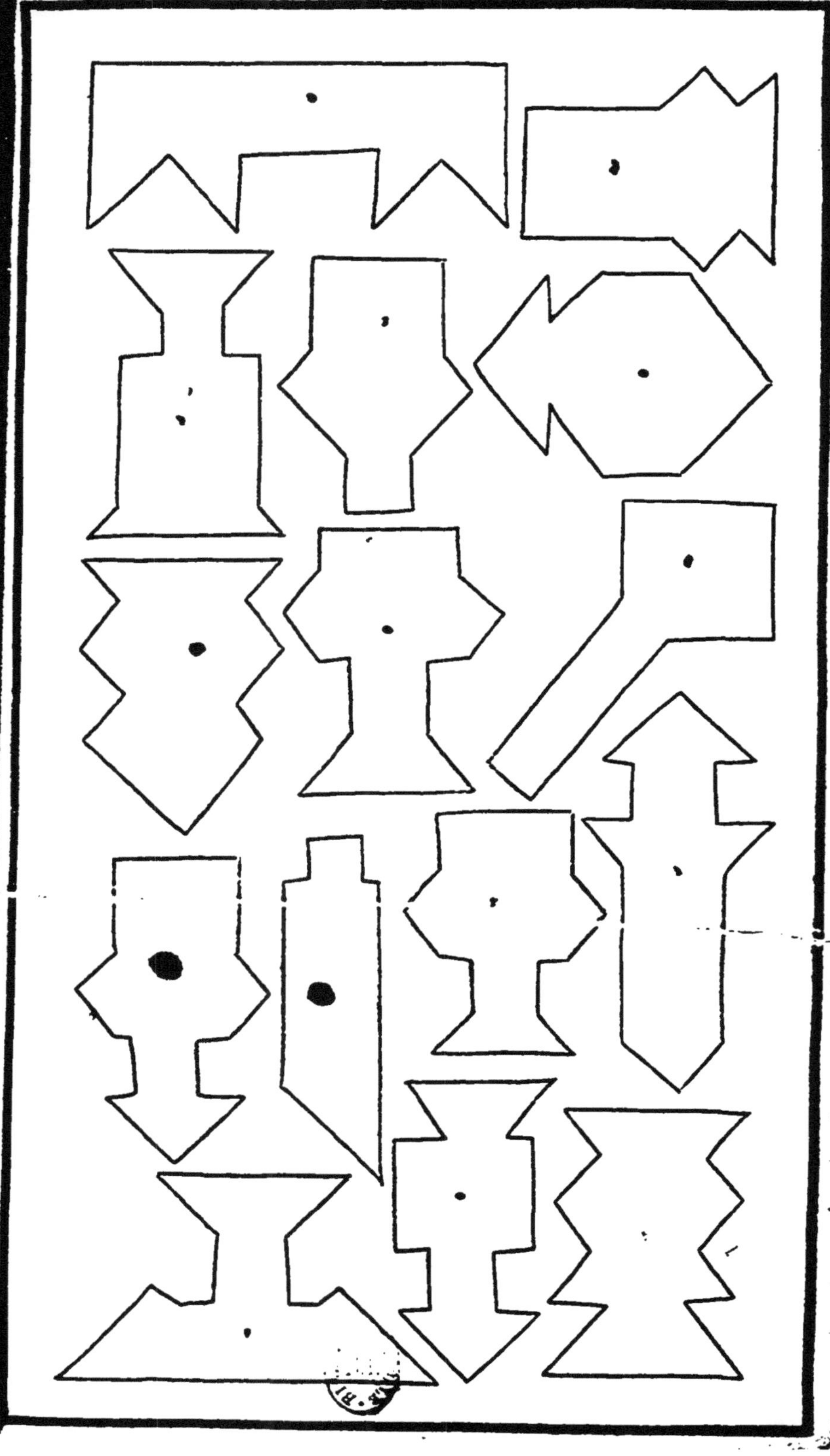

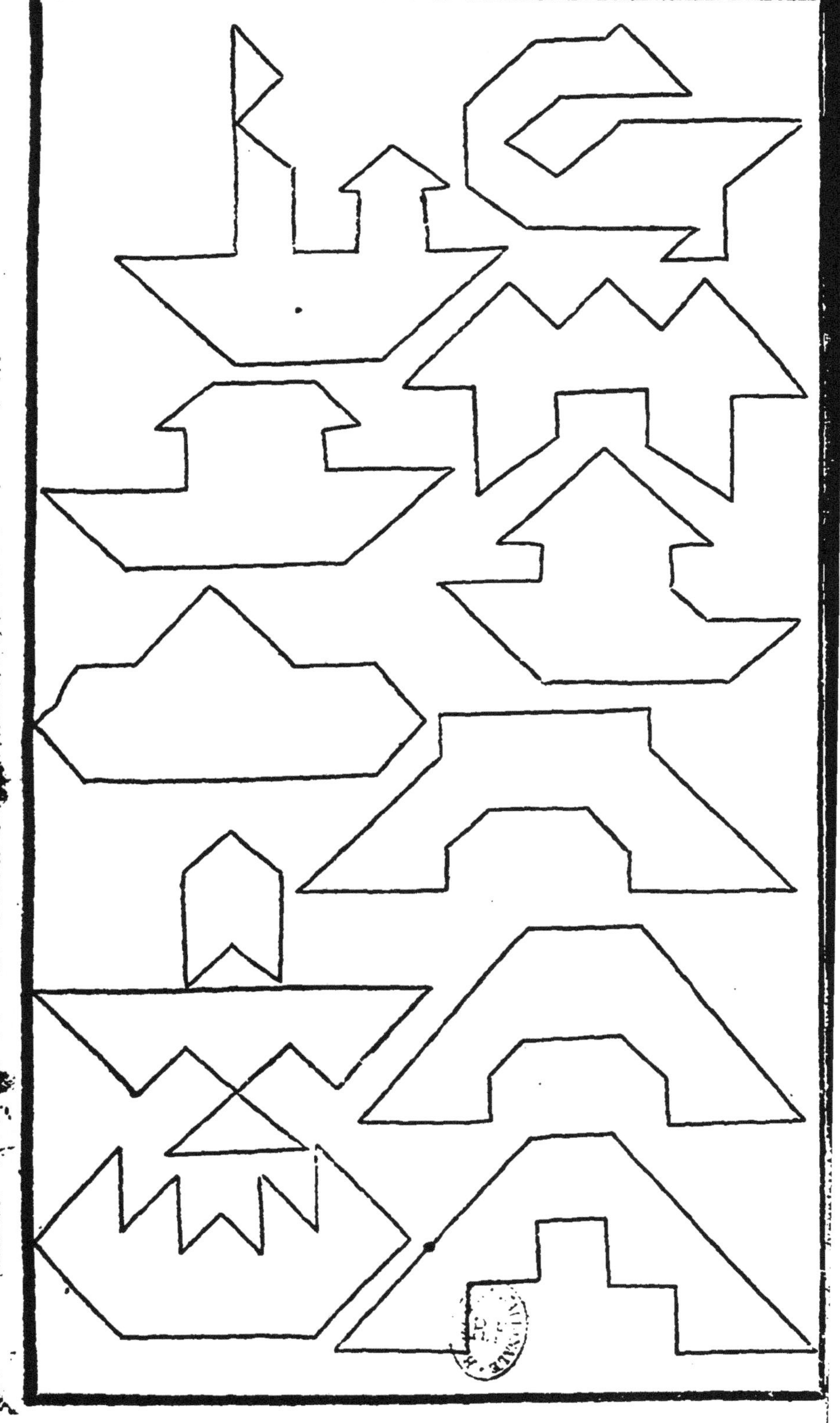

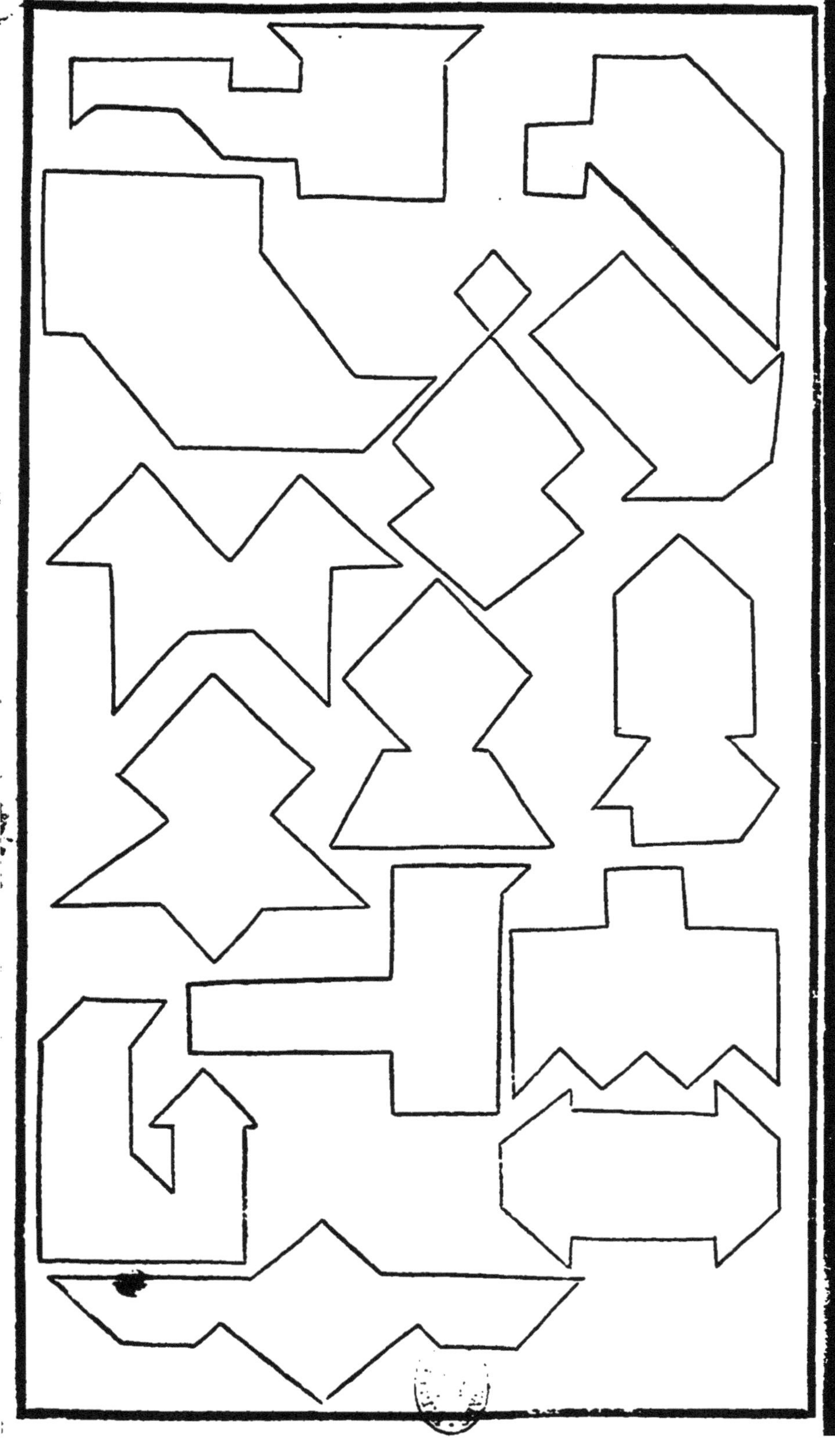

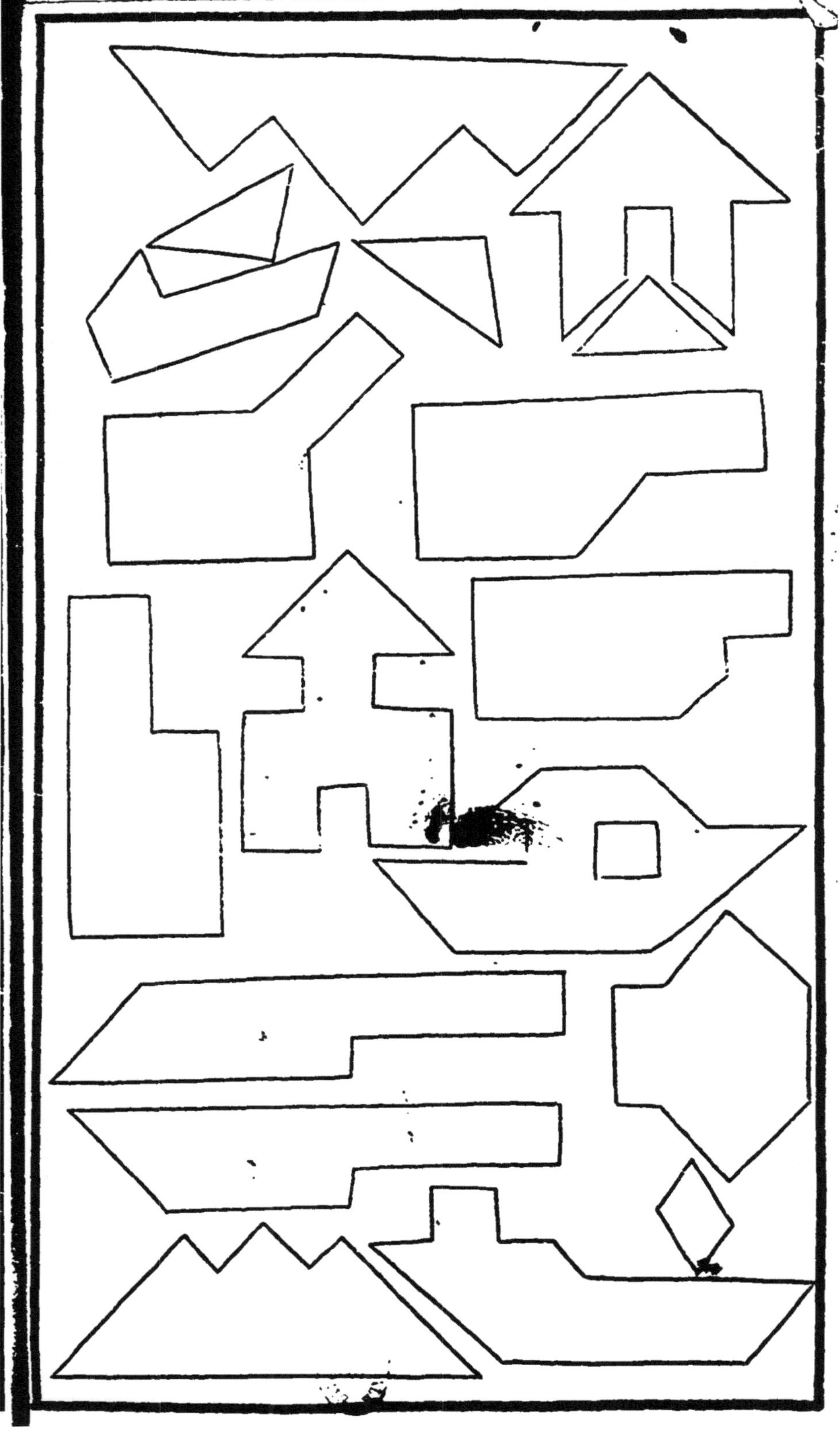

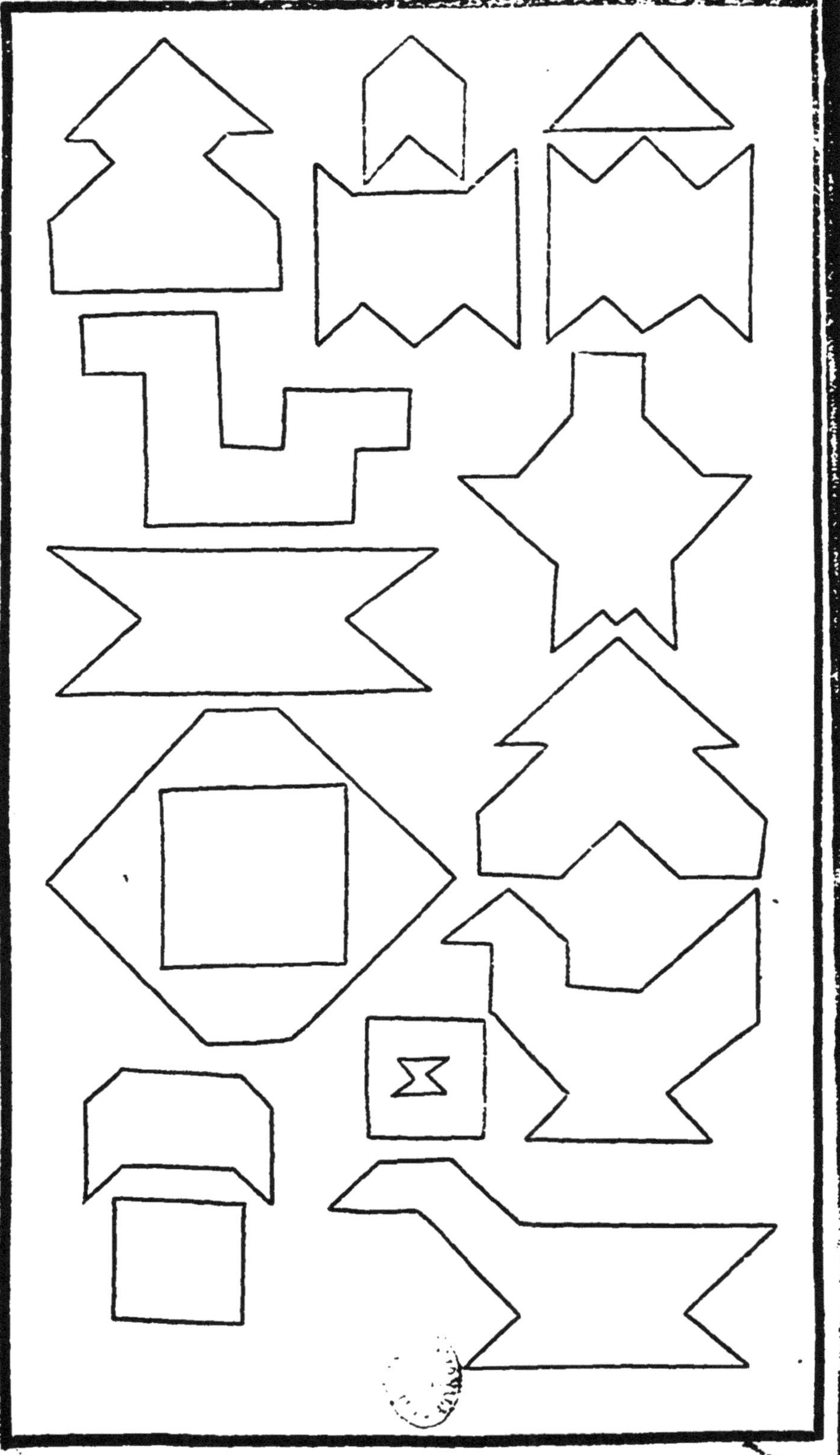

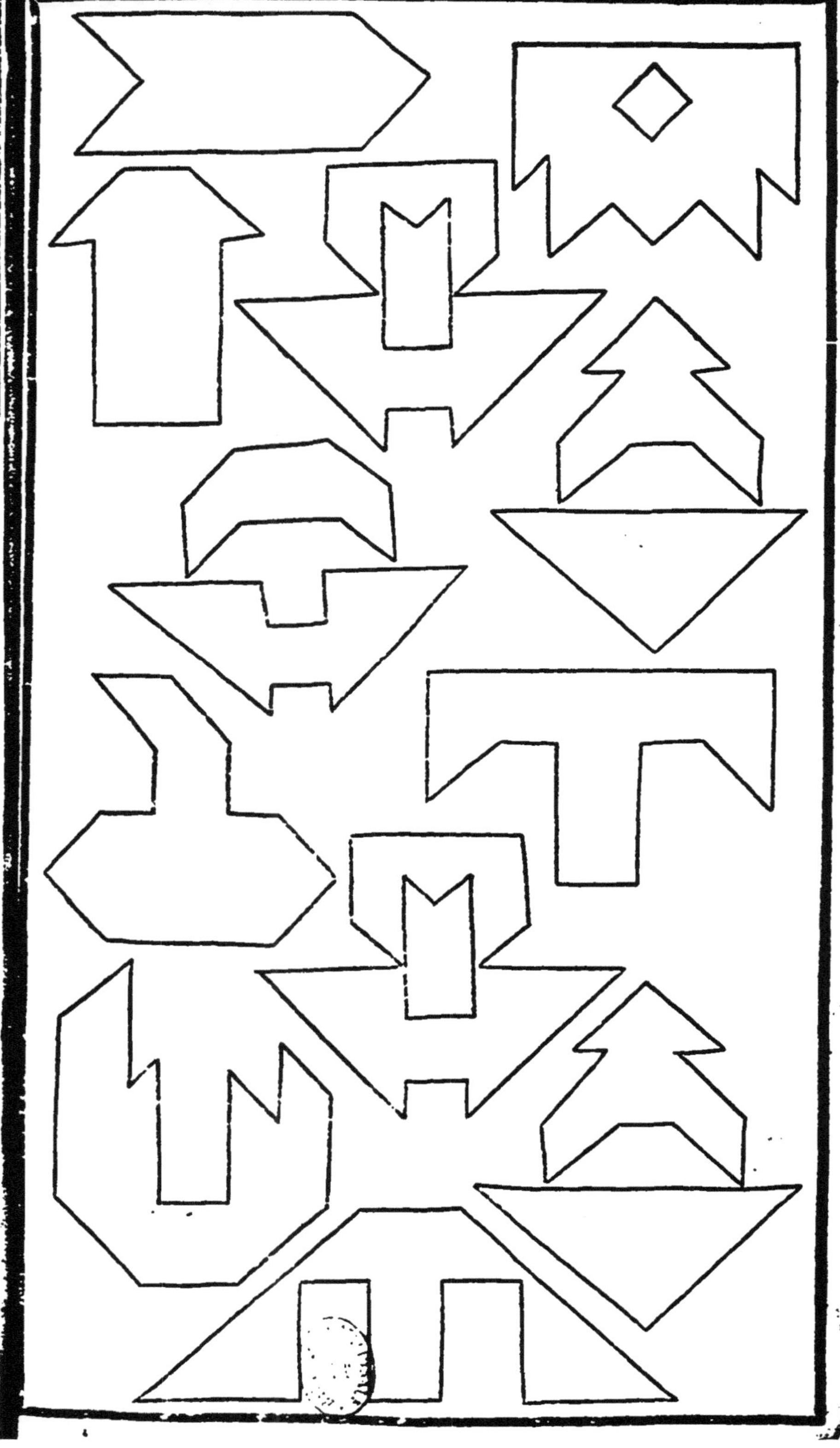

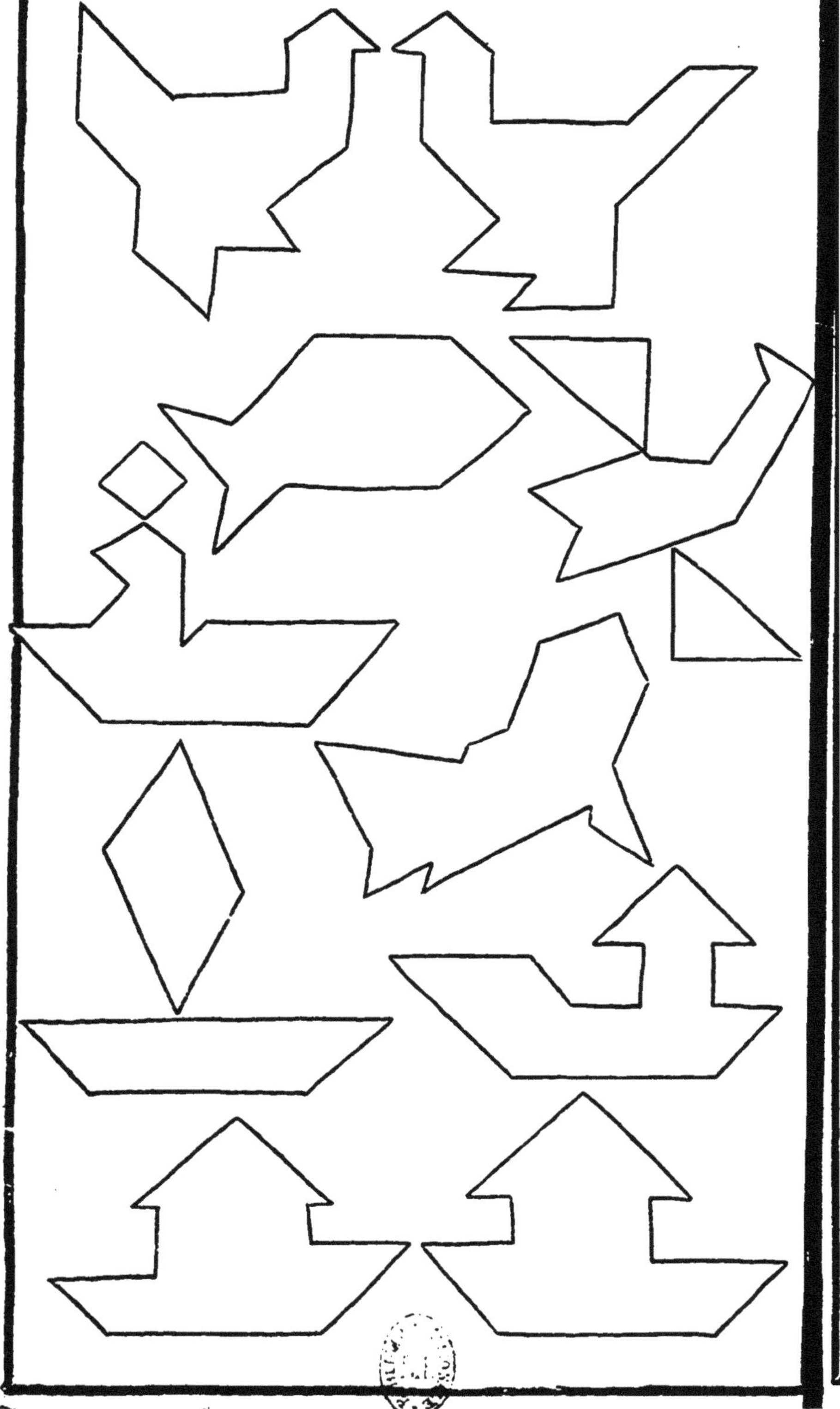

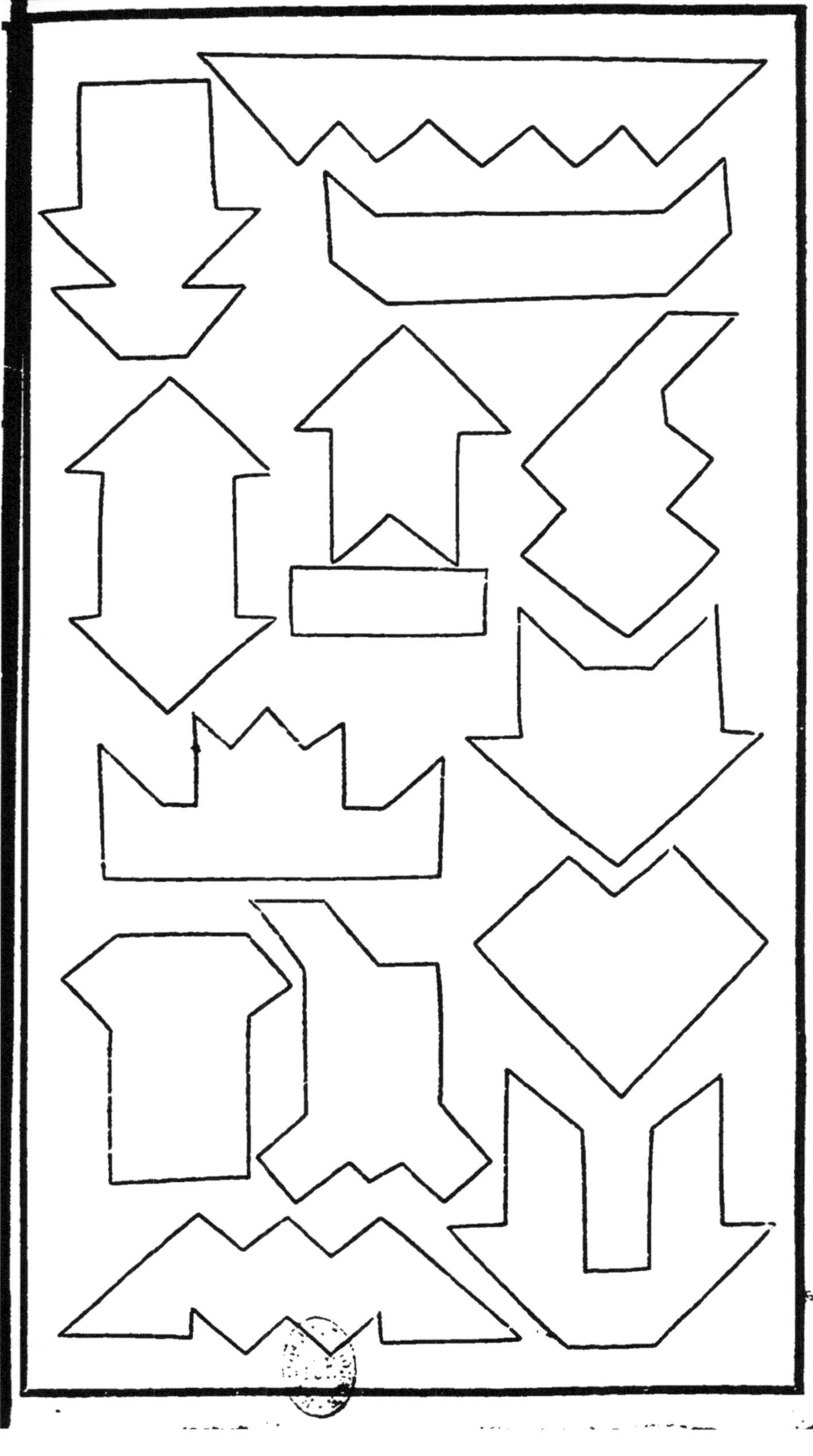

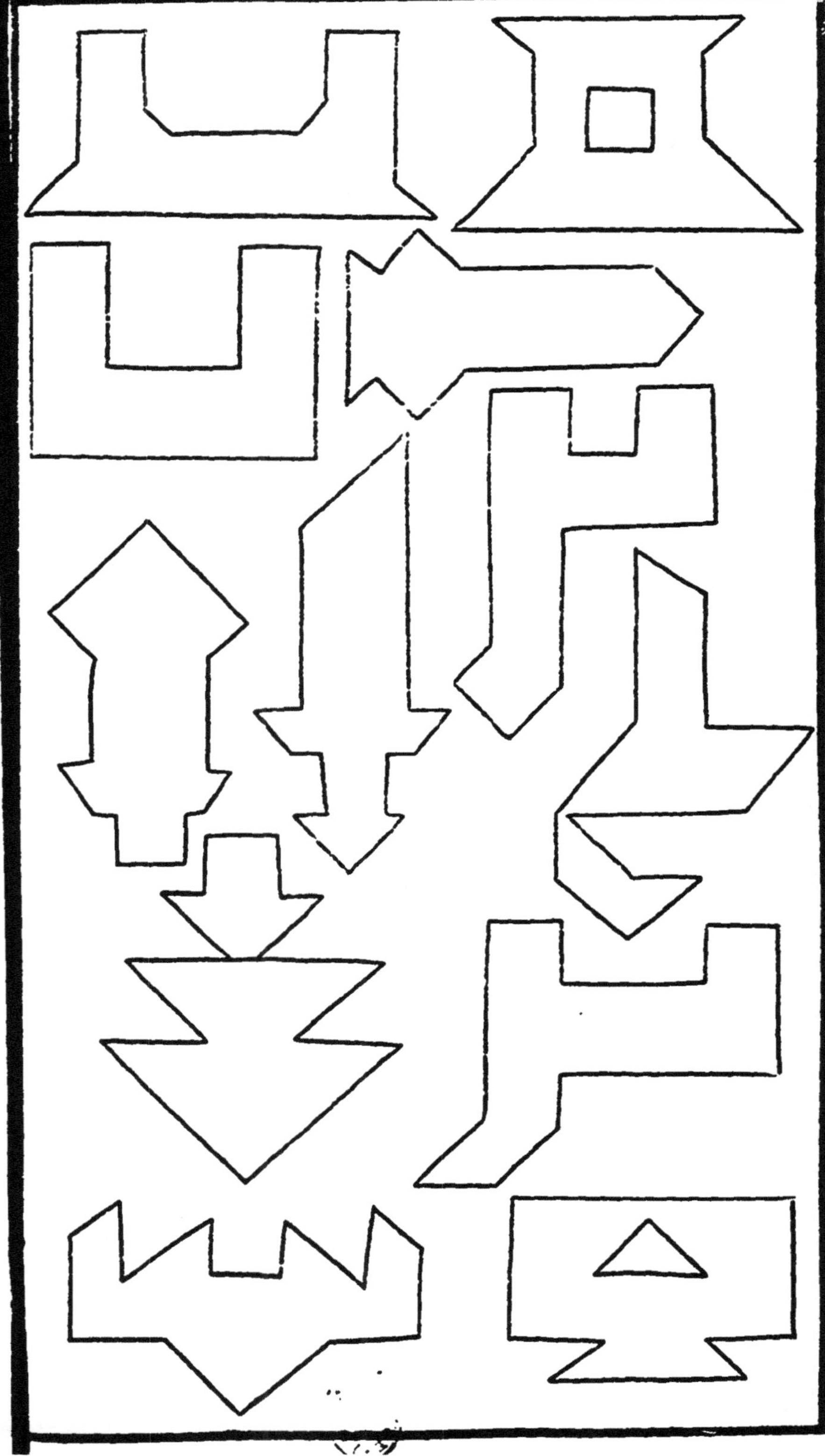

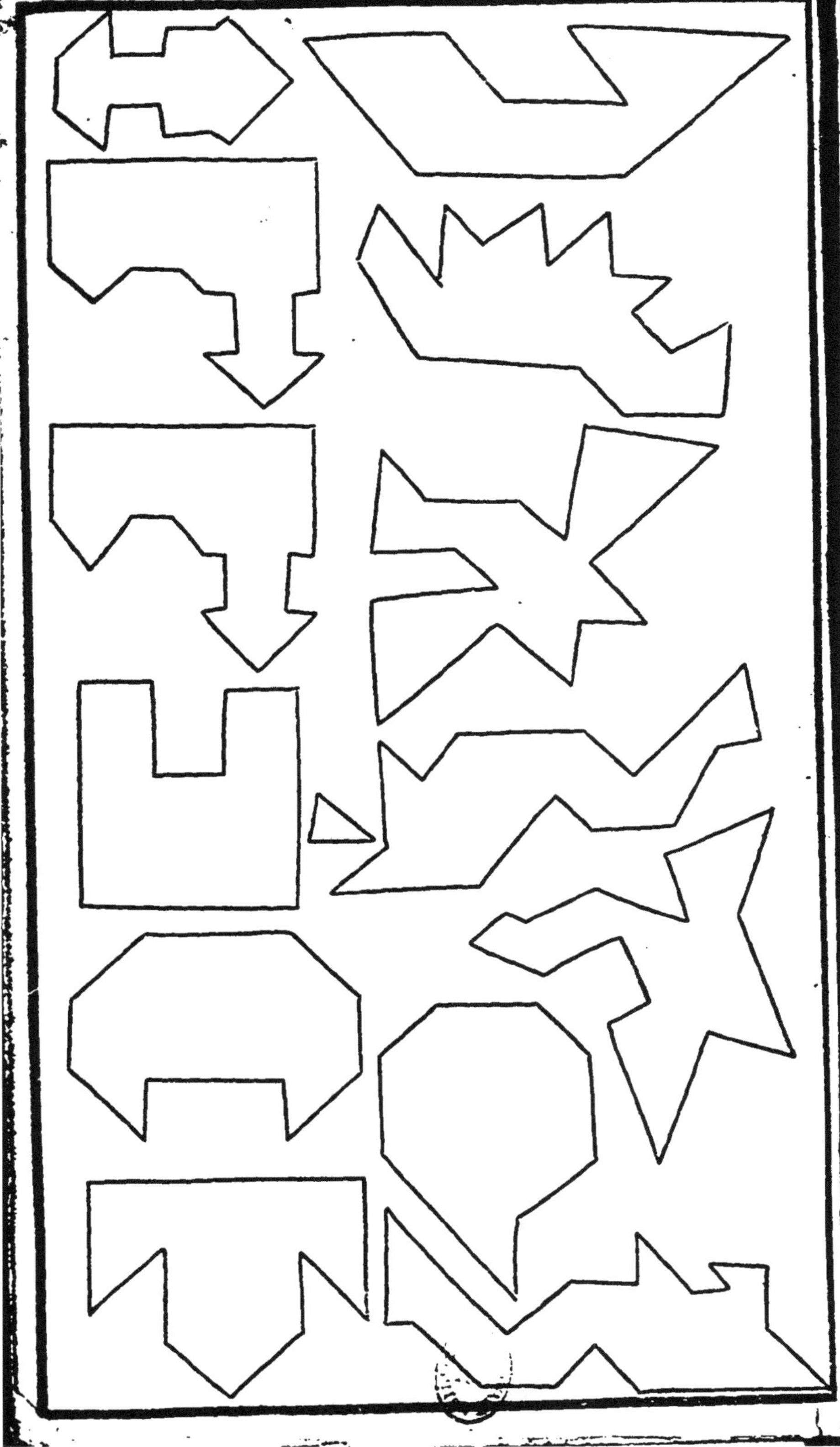

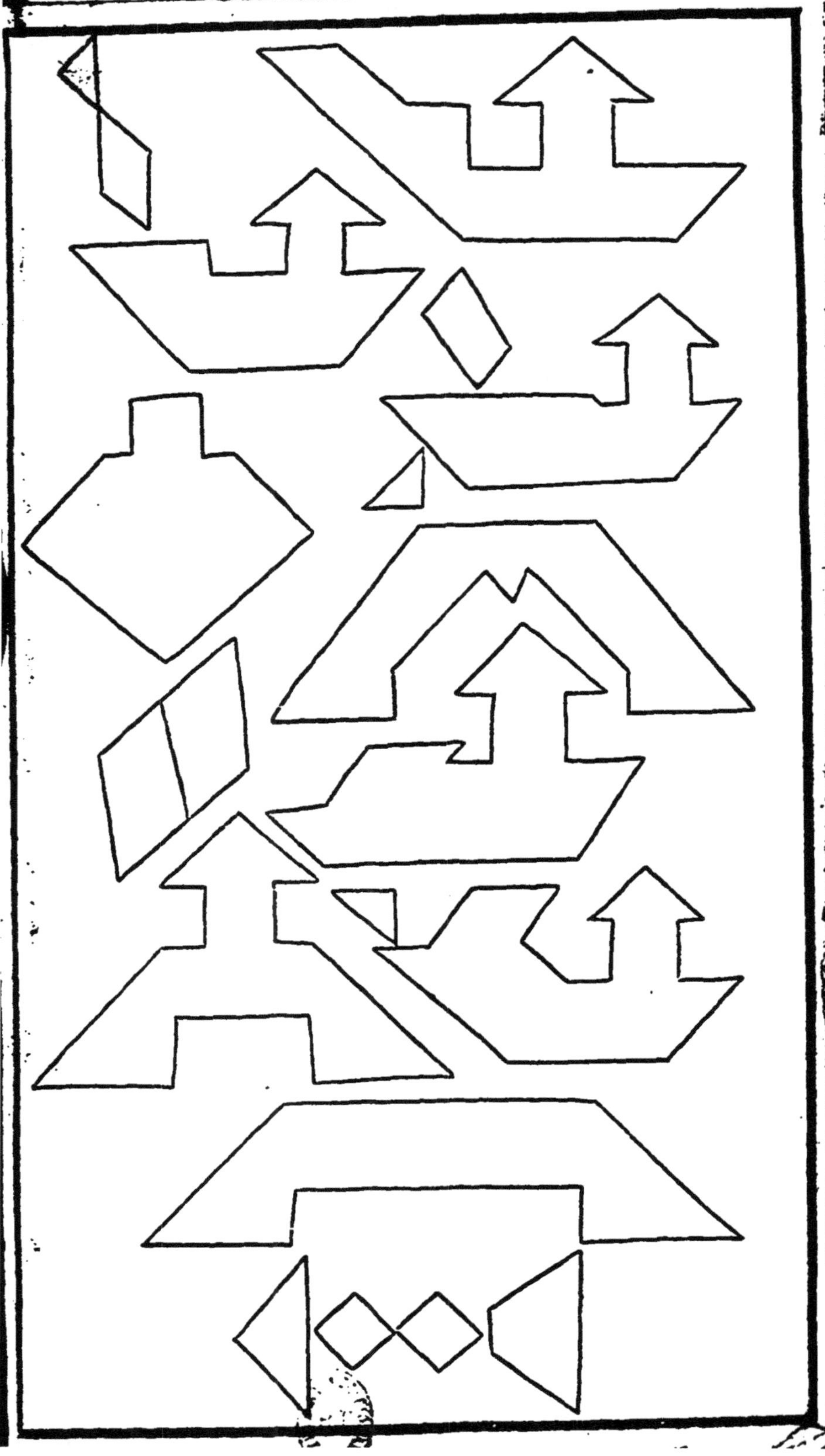

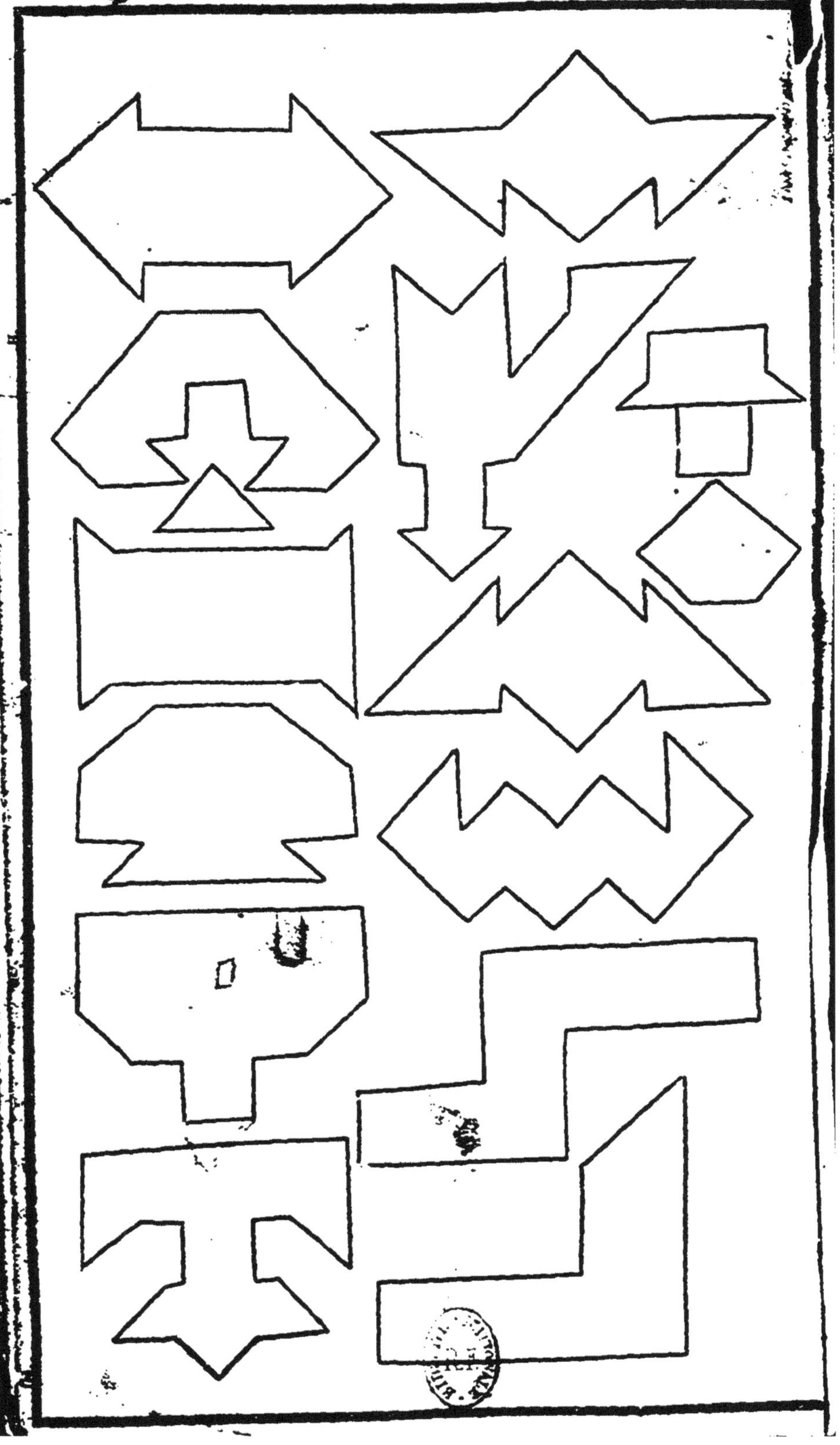

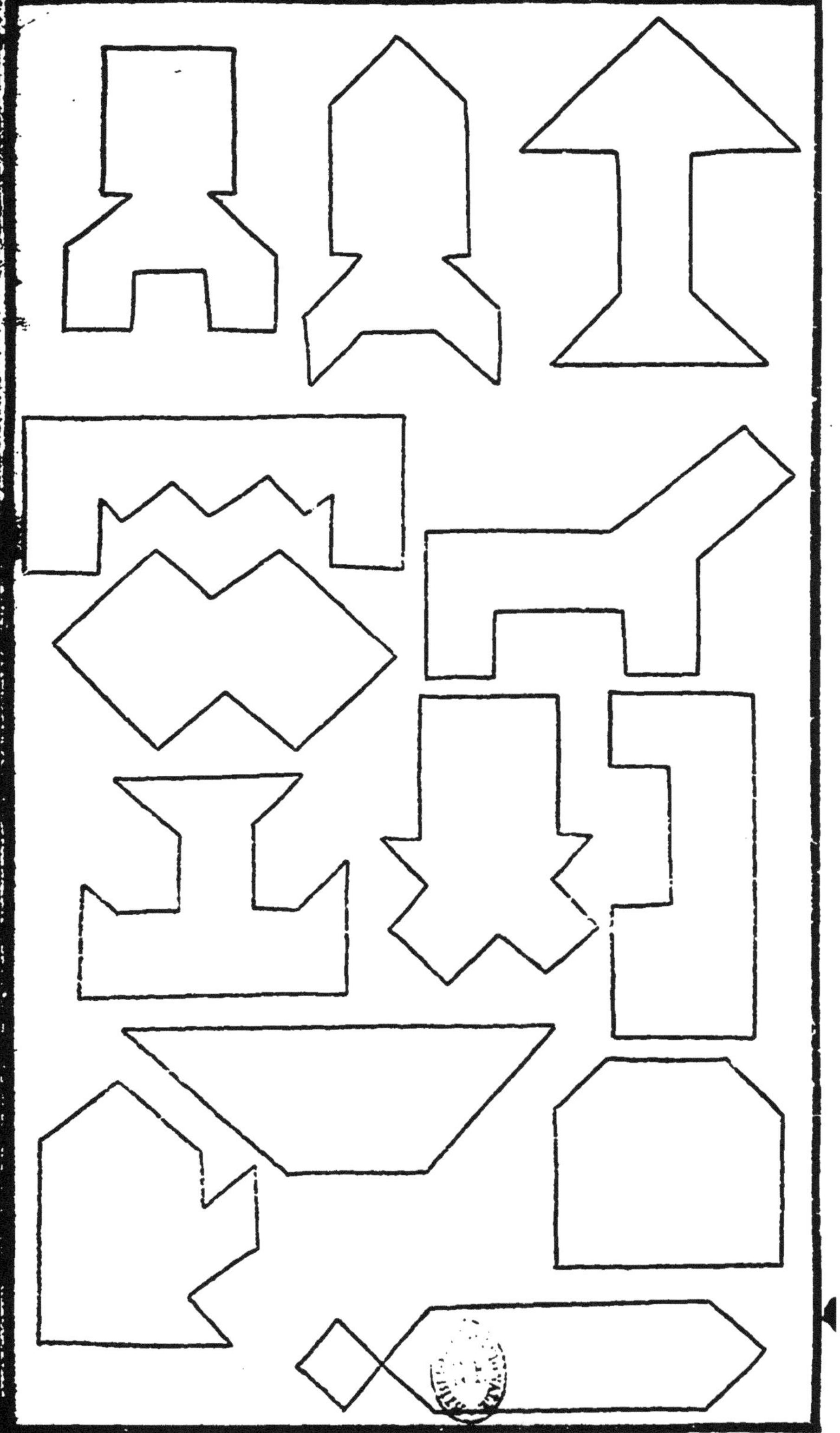

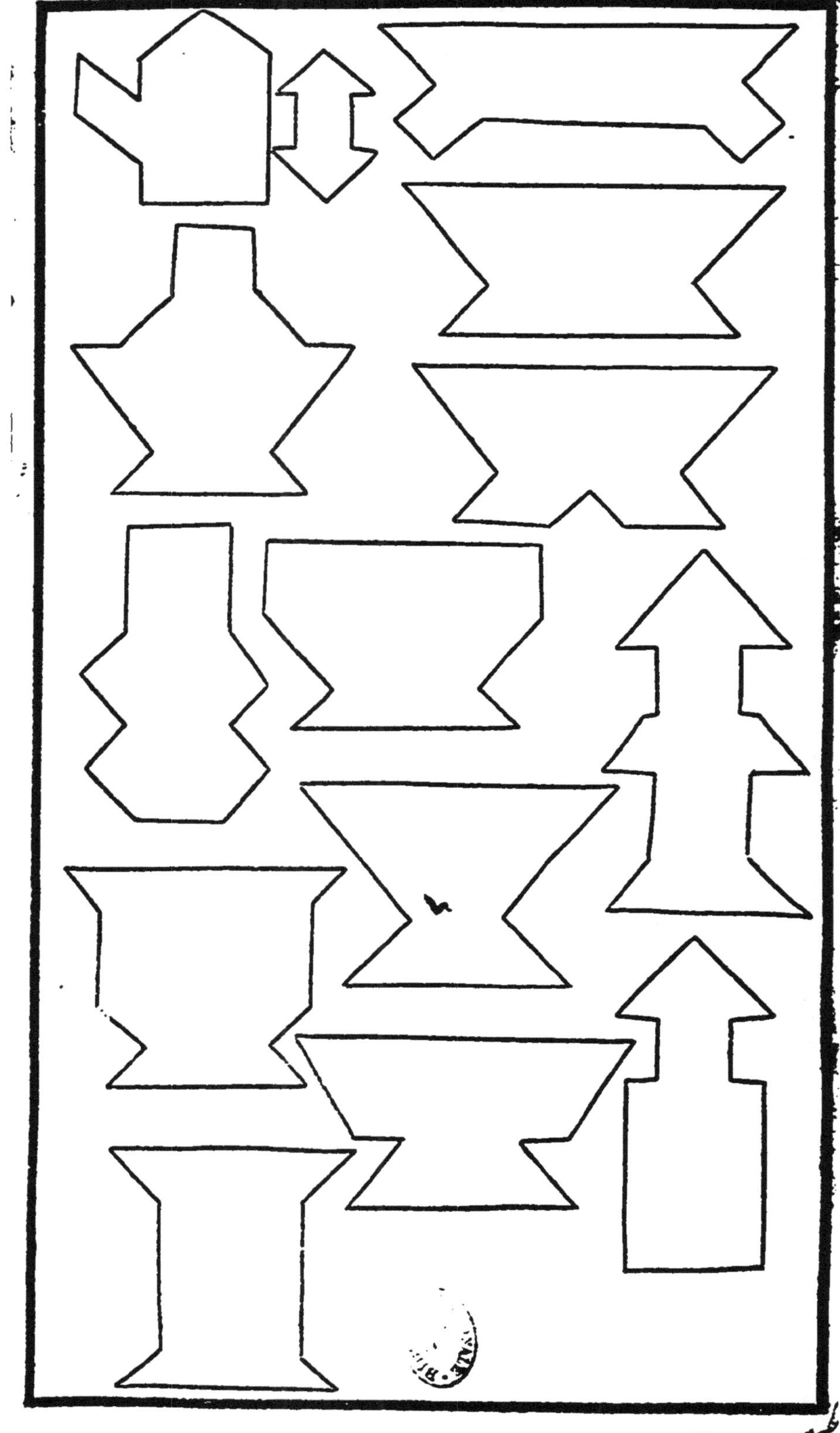

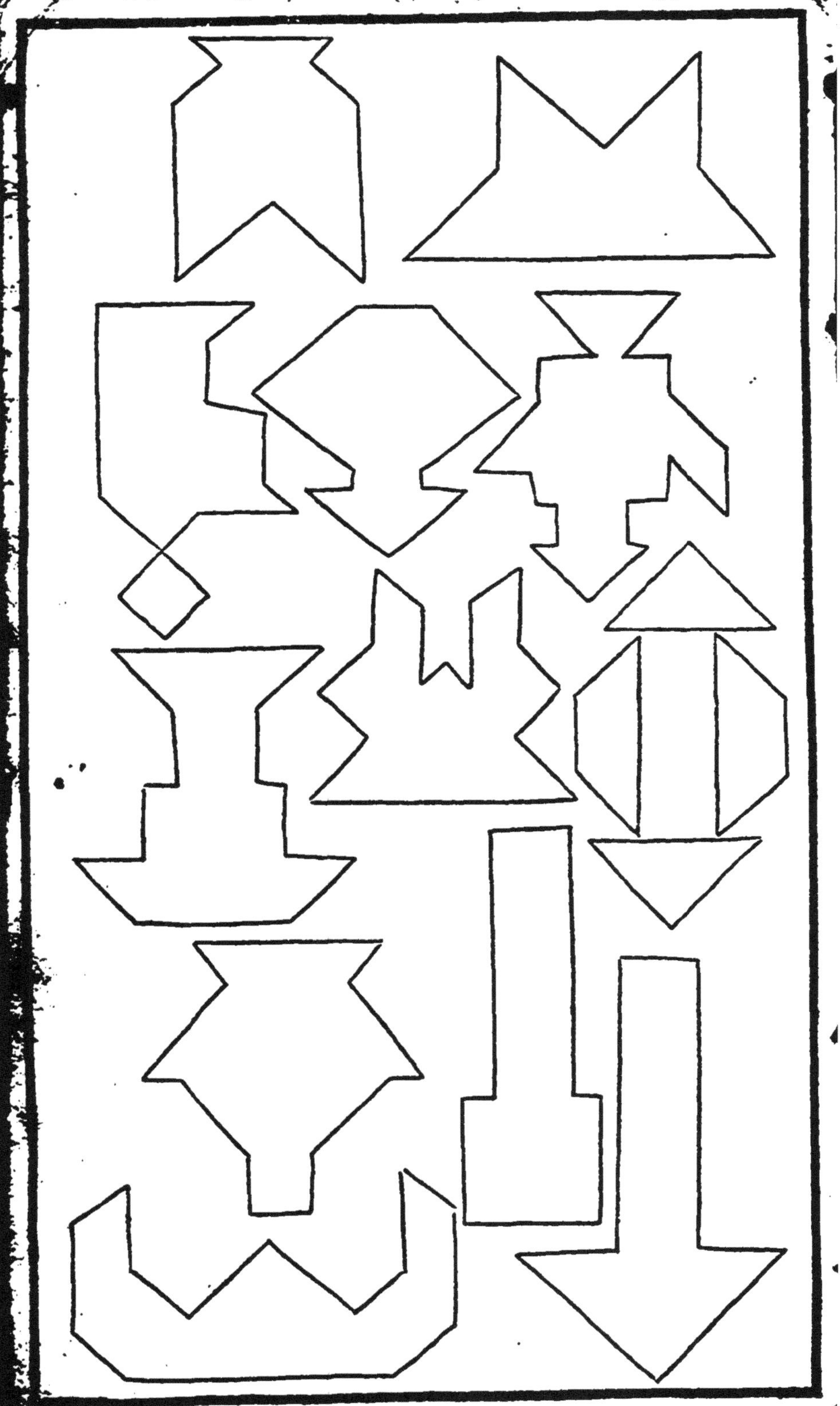

www.ingramcontent.com/pod-product-compliance
Ingram Content Group UK Ltd.
Pitfield, Milton Keynes, MK11 3LW, UK
UKHW021145140726
13695UKWH00005B/1955